Venkata Krishna Vedulla

Análise estatística da preferência dos alunos na seleção de uma bicicleta

Venkata Krishna Vedulla

Análise estatística da preferência dos alunos na seleção de uma bicicleta

ScienciaScripts

Imprint

Any brand names and product names mentioned in this book are subject to trademark, brand or patent protection and are trademarks or registered trademarks of their respective holders. The use of brand names, product names, common names, trade names, product descriptions etc. even without a particular marking in this work is in no way to be construed to mean that such names may be regarded as unrestricted in respect of trademark and brand protection legislation and could thus be used by anyone.

Cover image: www.ingimage.com

This book is a translation from the original published under ISBN 978-3-659-85887-1.

Publisher:
Sciencia Scripts
is a trademark of
Dodo Books Indian Ocean Ltd. and OmniScriptum S.R.L publishing group

120 High Road, East Finchley, London, N2 9ED, United Kingdom
Str. Armeneasca 28/1, office 1, Chisinau MD-2012, Republic of Moldova, Europe
Printed at: see last page
ISBN: 978-620-2-00383-4

PREÂMBULO

O objetivo deste livro é fornecer alguns critérios para a seleção de modelos de bicicleta para a perspetiva do aluno.

A população estudantil utiliza a bicicleta quer porque é uma necessidade, quer porque tem dinheiro para a comprar, quer porque não dispõe de transporte direto a partir da sua residência, etc. O nosso interesse neste projeto é saber, ao comprar uma bicicleta, quais os critérios que um estudante utiliza na seleção de uma bicicleta. A introdução de novos modelos gera uma nova procura de bicicletas. A população estudantil é um dos maiores segmentos de compradores de bicicletas. Assim, surge naturalmente a questão de saber o que leva um estudante a escolher uma bicicleta.

Nesta abordagem, quem está a comprar as bicicletas com base em diferentes critérios de seleção de bicicletas? Neste estudo, foram utilizadas algumas ferramentas e técnicas estatísticas avançadas. Neste livro, são analisados vários modelos de seleção de bicicletas e desenvolvidos com recurso a tipos de modelos estatísticos.

Prof. Dr. L. Venkateswara Rao, M.Sc, Ph.D.

Departamento de Estatística,

Universidade de Andhra, Visakhapatnam,

Andhra Pradesh, Índia

AGRADECIMENTOS

Todo o trabalho do projeto foi realizado no Departamento de Estatística da Universidade de Andhra, Visakhapatnam, sob a supervisão do meu querido orientador e professor Prof. Dr. L. Venkateswara Rao, M.Sc., Ph.D Department of Statistics, Andhra University Visakhapatnam. Dr. L. Venkateswara Rao, M.Sc., Ph.D. Department of Statistics, Andhra University Visakhapatnam. Expresso-lhe a minha gratidão pelo seu encorajamento constante e pela orientação inspiradora que me deu ao longo de todo o processo deste projeto.

M. Chitti Babu, M.Sc., Ph.D., Diretor do Departamento de Estatística da Universidade de Andhra, Visakhapatnam, por ter disponibilizado as instalações necessárias no Departamento. University, Visakhapatnam, por ter disponibilizado as instalações necessárias no Departamento.

Estou muito grato ao Dr. V Srinivasarao, Professor e Diretor Universitário, Departamento de Estatística e Matemática, Colégio Agrícola, Bapatla e ao Dr. Shaik Nafeez Umar, Professor Assistente, Departamento de Estatística e Matemática, Colégio Agrícola, Bapatla pela sua cooperação no meu projeto de investigação.

Os meus agradecimentos especiais, em particular a Ch Suresh, V Sekhar, K. Sai Swathi, Teaching Associates, Department of Statistics and Mathematics, Bapatla, pela sua cooperação sem reservas na realização do trabalho

Gostaria de registar a minha gratidão a S.Meghanath Singh, Sk. Ameer John, Md.Mohiddin, P.Sambasivarao, Departamento de Estatística e Matemática pelo seu encorajamento ao longo da minha vida.

Gostaria de expressar o meu afeto ao meu pai V. China Veeraswamy, à minha mãe Pullamma, à minha mulher Rajeswari, à minha filha Varshitha e ao meu filho V. Midhilesh. Que me incentivaram ao longo de todo o trabalho.

(VENKATA KRISHNA VEDULLA)

SOBRE O AUTOR

VENKATA KRISHNA VEDULLA Professor Associado, Departamento de Estatística e Matemática, Colégio Agrícola, Bapatla , Andhra Pradesh, Índia . Tem 6 anos de experiência de ensino e investigação no Departamento de Estatística e Matemática. Publicou cerca de 3 artigos de investigação no The Andhra Agricultural Journal. Deu mais de 5 palestras convidadas em Estatística em várias instituições na Índia. Ensinou em C, C++, R, SAS, SPSS, em pacotes estatísticos.

ÍNDICE

CAPÍTULO 1

INTRODUÇÃO

A população estudantil utiliza a bicicleta quer porque é uma necessidade, quer porque tem dinheiro para a comprar, quer porque não dispõe de transporte direto a partir da sua residência, etc. O nosso interesse neste projeto é saber, ao comprar uma bicicleta, quais os critérios que um estudante utiliza na seleção de uma bicicleta. As marcas de motas mais populares da Índia são a Hero Honda, a Bajaj, a Yamaha, a TVS e a Honda. A nossa amostra inclui proprietários de todas estas marcas. As duas primeiras empresas têm maior quota de mercado. Algumas empresas estão a introduzir pelo menos dois modelos por ano. Esta introdução de novos modelos gera uma nova procura para as motas. A população estudantil é um dos maiores segmentos de compradores de motas. Assim, uma questão que surge naturalmente é a de saber o que leva um estudante a escolher uma ike?

1.1   OBJECTIVOS

Temos dois ojectivos simples:

- Quais são os factores que determinam a escolha de uma bicicleta por um estudante?
- Para que serve um estudante que utiliza a sua bicicleta?

1.2   SELECÇÃO DE AMOSTRAS

Todos os estudantes do sexo masculino que possuem uma bicicleta e que podem conduzir legalmente um veículo de duas rodas constituem a população a amostrar. Abordámos os estudantes nos seus campi, depois de lhes perguntarmos se vêm de bicicleta para a faculdade, entregámos-lhes o questionário e pedimos-lhes que o preenchessem. Embora não se enquadre em nenhuma técnica de amostragem normalizada, para todos os efeitos práticos, pode ser tratada como uma amostra aleatória, uma vez que a dimensão da amostra é grande e abrange várias categorias, tais como estudantes de nível intermédio, de licenciatura, de pós-graduação e de engenharia.

1.3   EXPERIÊNCIAS NO TERRENO E OUTRAS

Apresentamos de seguida algumas das nossas experiências no terreno.

- Questionário longo: Alguns alunos sentiram que perderam muito tempo a preencher o questionário.

  Como o nosso estudo é de natureza exploratória, incluímos no questionário todas as variáveis que considerámos adequadas. Isto é inevitável, porque não temos conhecimento de nenhum estudo deste género anteriormente.

- Desconhecimento de caraterísticas adversas: Os estudantes não sabem que certas caraterísticas da bicicleta, como as rodas magnéticas, os pneus pesados, o sistema de tomada dupla, etc., reduzem efetivamente a quilometragem da bicicleta.

- Não têm conhecimento da tecnologia: Alguns alunos também não sabem o significado de certos termos técnicos, como rodas magnéticas e sistema de ficha dupla.
- Defeito na conceção do questionário: Na conceção das perguntas destinadas à análise fatorial, a escala foi mencionada separadamente em vez de ser integrada na pergunta. Este facto causou algum incómodo aos participantes ao darem as suas respostas.
- A maior parte dos estudantes que participaram no estudo preencheram os questionários de livre vontade: no entanto, alguns estudantes parecem ter participado apenas para preencher o questionário.

1.4   INSTRUMENTOS DE ANÁLISE

Na análise dos nossos dados, utilizámos técnicas estatísticas como tabelas cruzadas, medidas de associação relativas a tabelas cruzadas, análise de clusters e análise de factores. O software estatístico utilizado é o SPSS.

1.4.1   Tabelas de contingência

Dispomos de uma única amostra e medimos uma série de variáveis. Quando as variáveis são medidas simultaneamente, as questões de interesse dizem respeito às associações entre elas. Para estudar as associações entre variáveis, os indivíduos são classificados de forma cruzada por duas ou mais variáveis de classificação e é utilizado um teste de independência para saber se existem associações entre as variáveis de classificação. O teste de independência do qui-quadrado é um desses testes utilizados para conhecer as associações. Este teste tem uma utilidade limitada, porque só nos pode dizer se existe uma associação ou a força da associação. Para saber a direção e a força da associação, temos de utilizar outros procedimentos de teste.

Estes procedimentos são classificados em vários grupos, consoante o nível de medida das variáveis de classificação. Como as nossas variáveis são de natureza nominal, as medidas relevantes para essas politomias são descritas no Capítulo 2. O Capítulo 2 também discute algumas medidas nominais de associação.

1.4.2   Análise de clusters

A análise de clusters é uma técnica multivariada utilizada para agrupar indivíduos em clusters com base nas variáveis medidas nos indivíduos. Esta técnica também pode ser utilizada para agrupar variáveis em grupos. Os métodos apropriados para esta tarefa são os métodos de ligação. Utilizámos esta técnica para saber se existem grupos de variáveis nas questões relacionadas com a análise fatorial.

1.4.3   Análise fatorial :

A análise fatorial descreve as relações de covariância entre diversas variáveis em termos de algumas quantidades aleatórias subjacentes não observáveis, designadas por factores. A análise fatorial pode ser considerada como uma extensão da análise de componentes principais. Ambas as técnicas tentam aproximar a matriz de covariância. Na análise fatorial, procura-se ter em conta a covariância ou as correlações entre as variáveis. A redução da dimensão e a interpretação são dois objectivos básicos da análise fatorial. Há vários métodos que podem ser utilizados para extrair factores e o método das componentes principais é um deles. Utilizamos este método para extrair factores. Após a extração dos factores, rodamos a solução de modo a podermos dar alguma interpretação aos factores extraídos. Mais uma vez, existe um grande número de técnicas de rotação disponíveis, que podem ser agrupadas em ortogonais e não ortogonais. No presente contexto, a rotação ortogonal é adequada. O método que escolhemos é o Varimax.

1.5   O QUE ESTÁ À FRENTE?

No Capítulo 2, tentamos saber se existe alguma associação entre o rendimento dos pais e o custo da bicicleta de um estudante e se os estudantes de famílias com rendimentos mais elevados gastam mais com as suas bicicletas. As várias medidas de associação simétrica e assimétrica destinadas a variáveis de classificação nominal e ordinal foram apresentadas e depois utilizadas para compreender a associação entre Rendimento, Custo da bicicleta e Manutenção através das tabelas cruzadas Rendimento x Custo e Rendimento x Manutenção.

O capítulo 3 trata da análise fatorial dos dados. Analisamos dois problemas: o primeiro é saber quais os factores que influenciam a escolha de uma bicicleta; o segundo é saber para que é que um aluno utiliza a sua bicicleta. O modelo de factores ortogonais com rotação varimax é utilizado na análise deste problema

CAPÍTULO 2

ANÁLISE DE ASSOCIAÇÃO

2.1   INTRODUÇÃO

Este capítulo é dedicado à descrição das caraterísticas da amostra. São estudadas algumas tabelas de contingência de duas vias. São descritas medidas estatísticas relacionadas com as tabelas de contingência que detectam a associação entre as variáveis de classificação e que quantificam a associação. . Estas são depois utilizadas na análise das tabelas de contingência.

Em particular, tentaremos analisar algumas tabelas cruzadas. As tabelas cruzadas são utilizadas para responder a questões como;

- Os níveis de rendimento são independentes dos níveis de custo da bicicleta?
- Os níveis de rendimento são independentes dos níveis de despesa mensal com a bicicleta?

2.2   QUADROS CRUZADOS

A tabulação cruzada é uma técnica que descreve duas ou mais variáveis em simultâneo.

Resulta em quadros que reflectem as distribuições conjuntas de duas ou mais variáveis num único quadro. Ajuda a compreender que uma variável de classificação, como o rendimento, se relaciona com outra variável de classificação, como o custo de um bem semelhante detido por um indivíduo. Em geral, as margens da tabela cruzada apresentam a mesma informação que os quadros. As tabelas cruzadas são muito utilizadas porque uma série de tabulações cruzadas pode dar uma boa ideia de um fenómeno complexo do que uma única análise multivariada.

2.3   ESTATÍSTICAS RELATIVAS A TABELAS CRUZADAS

Na análise das tabelas cruzadas, interessa-nos sobretudo

- Testar a significância da associação entre as variáveis de classificação
- Medição da força da associação entre as variáveis de classificação.

Para testar a significância estatística da associação observada numa tabela cruzada, utilizamos normalmente a estatística do Qui-quadrado. Se a associação entre as variáveis de classificação for considerada significativa, então queremos medi-la. Estas medidas são agrupadas em duas categorias: nominal e ordinal, com base na variável de classificação envolvida. Se a variável de classificação for nominal, a associação entre elas é medida utilizando estatísticas como

1. Co-eficiente do qui-quadrado
2. Coeficiente de correlação Phi-C
3. Coeficiente de contingência

4. Cramer's V

Por outro lado, se a variável de classificação for ordinal, então medidas como

1. Gama
2. Tau-b de Kendall
3. Tau-c de Kendall
4. O d da Suméria

2.4 MEDIDAS NOMINAIS

2.4.1 Coeficiente de qui-quadrado

Esta estatística é utilizada para determinar se existe uma associação sistemática entre duas variáveis de classificação. Testamos a hipótese nula.

H0 = não existe associação entre duas variáveis de classificação.

Ha = as duas variáveis estão associadas.

O teste é efectuado calculando as frequências esperadas das células se não houvesse associação entre as variáveis, dados os totais das linhas e das colunas. Numa tabela cruzada I X J, a frequência esperada de qualquer célula é obtida pelo produto dos totais correspondentes da linha e da coluna divididos pelo total geral. Sejam n1, nJ e n o número de observações numa linha, numa coluna e na tabela, respetivamente. As frequências esperadas correspondentes a uma célula são calculadas do seguinte modo

$$E = \frac{n_I.n_J}{n}$$

Depois de calcular as frequências celulares previstas, estas são comparadas com as frequências celulares observadas (O). A sua discrepância é quantificada através do cálculo.

$$\aleph^2 = \Sigma_{over\ all\ cells} \frac{(E-O)^2}{E}$$

O valor calculado do qui-quadrado é então comparado com o valor tabelado para um determinado d.f.(I-1)(J-1) a um nível de significância alfa especificado, em que I representa o número de linhas e J representa o número de colunas.

2.4.2 Coeficiente Phi:

É utilizado para medir a força de associação entre variáveis de classificação numa tabela cruzada 2 x 2. Para um exemplo de tamanho N, calcula-se

$$\emptyset = \sqrt{\frac{x^2}{N}}$$

Quando não há associação, $\emptyset$ toma o valor 0. Quando as variáveis estão perfeitamente associadas, $\emptyset$ toma o valor 1.

2.4. 3Coeficiente de contingência   :

Uma limitação do coeficiente $\emptyset$ é o facto de ser aplicável apenas a tabelas 2 x 2. Para avaliar a força de associação entre duas variáveis de classificação numa tabela cruzada de qualquer dimensão, é utilizado o coeficiente de contingência (C). Este é calculado pela fórmula

$$C = \sqrt{\frac{X^2}{X^2+N}}$$

Este coeficiente também varia entre 0 e 1. Se as variáveis de classificação forem estatisticamente independentes, então C não pode assumir o valor 1. O seu valor máximo depende do tamanho da tabela cruzada. Por este motivo, C só deve ser utilizado para comparar tabelas cruzadas de dimensões iguais. A dimensão recomendada é de, pelo menos, 5 x 5.

2.4.4 Cramer 's V:

Trata-se de uma versªo modificada do coeficiente de correlaçªo Ø. Deve ser utilizado para tabelas de dimensªo superior a 2 x 2. Deve ser utilizado para tabelas maiores do que 2 x 2. O V de Cramer obtém-se ajustando Ø ao número de linhas ou de colunas da tabela, consoante o que for menor. Após este ajustamento, V assume valores entre 0 e 1. Um valor elevado de V indica apenas um elevado grau de associação. Um valor elevado de V indica apenas um elevado grau de associação, mas não indica a forma como as variáveis estão associadas. Para uma tabela cruzada 1 x J, a relação entre o V de Cramer e o coeficiente Ø é

$$V = \sqrt{\frac{\emptyset^2}{\min\{(I-1),(J-1)\}}}$$

$$V = \sqrt{\frac{X^2/N}{\min\{(I-1),(J-1)\}}}$$

2.5 MEDIDAS ORDINAIS

2.5.1 Gama

Esta medida também é conhecida como gama de Goodman-Krushkal. É uma medida simétrica que varia entre +1 e -1 e não tem em conta os empates ou o tamanho da tabela. A medida é definida como o rácio entre a diferença entre pares concordantes e pares discordantes e o número de pares concordantes e discordantes.

$$\text{Gamma} = \frac{C-D}{C+D}$$

Para grandes amostras, a distribuição de amostragem da gama é normal e, por conseguinte, podemos calcular o seu erro padrão e a sua significância. Esta medida pode ser interpretada como uma redução proporcional do erro (PRE). Em caso de independência estatística, a gama será 0. No entanto, a gama também pode ser zero sempre que a diferença entre os pares concordantes e discordantes for zero.

2.5.2 Kendall 's tau-b

Quando existem pares empatados, o tau-b de Kendall é utilizado como teste de associação para dados ordinais. É definido como o número de pares concordantes (C) menos o número de pares discordantes (D) dividido pela raiz quadrada do produto do número total de pares (T) menos o número de pares empatados para uma variável (T1) e o número de pares empatados para a outra variável (T2):

$$tau\ b = \frac{C-D}{\sqrt{(T-T_1)(T-T_2)}}$$

O intervalo desta medida é de 1 a +1 se a tabela for quadrada e se nenhum dos totais das linhas e das colunas for zero. É possível calcular o erro padrão e a significância, uma vez que a distribuição da amostragem é conhecida. Não existe um significado intuitivo bem definido para o tau b. Esta medida é normalmente utilizada com tabelas 2 x 2.

4.3.3 Tau-c de Kendall

É uma variante do tau-b para tabelas maiores. É uma medida simétrica e define-se como o número de pares concordantes (C) menos os pares discordantes (D) multiplicado pelo dobro do número de colunas ou linhas, consoante o que for menor (S), dividido pelo número total de casos (N) ao quadrado vezes (S-1) :

$$tau\ C = \frac{(C-D) \times 2 \times S}{N^2(S-1)}$$

Como a distribuição da amostragem desta medida também é conhecida, podemos calcular o erro padrão e a significância. O Tau c varia entre -1 e + 1 e foi especificamente concebido para poder atingir estes limites em tabelas não quadradas.

4.3.4 Somers'd

O d de Somer fornece uma medida de associação assimétrica e também assimétrica e tem em conta os pares empatados.

A primeira variável como variável dependente, os Somers d assimétricos, é definida como a diferença entre o número de pares concordantes (c) e discordantes (D) dividida pela soma do número de pares concordantes (C), discordantes (D) e empatados para a primeira variável (T1):

$$asymmetric\ d = \frac{(C-D)}{C+D+T_1}$$

A segunda variável dependente, os Somers assimétricos d, é definida como a diferença entre o número de pares concordantes (C) e discordantes (D) dividida pela soma do número de pares concordantes (C), discordantes (D) e empatados para a segunda variável (T2):

$$asymmetric\ d = \frac{(C-D)}{C+D+T_2}$$

Somers symmetric d é a diferença entre o número de pares concordantes © e discordantes (D) dividido pela soma do número de pares concordantes (C), discordantes (D) e empatados para a primeira variável (T1) adicionado ao número de pares concordantes (C), discordantes (D) e empatados para a segunda variável (T2) dividido por 2 :

$$\text{symmetric } d = \frac{(C-D)}{(C+D+T_1+C+D+T_2)/2}$$

2.6 RENDIMENTO VS CUSTO

Pode argumentar-se que o rendimento forma uma série, pelo que deve ser considerado como um fator. Também se podem fazer afirmações semelhantes em relação ao custo. Uma vez que o Rendimento e o Custo da bicicleta foram inquiridos simultaneamente, tratá-los-emos como aleatórios. Os pressupostos habituais conduzem a uma distribuição multinomial com I x J níveis. Assim, os parâmetros multinomiais são Pij, que são as probabilidades de um indivíduo selecionado aleatoriamente estar no nível i da primeira resposta e no nível j da segunda resposta.

$$\sum_{i=1}^{i}\sum_{j=1}^{j} p_{ij} = 1 \quad \text{or} \quad \sum_{i=1}^{i}\sum_{j=1}^{j} Y_{ij} = n$$

A hipótese nula correspondente é que as variáveis são independentes. Isto significa que as probabilidades dos acontecimentos conjuntos nas células podem ser escritas em termos das probabilidades marginais, ou seja,

$$H_0 : p_{ij} = p_{i+}.p_{+j} \ , \quad i = 1,2,3, and\ j = 1,2,3,4.$$

Esta hipótese deve ser testada contra a hipótese alternativa

$$H_0 : p_{ij} \neq p_{i+}.p_{+j} \ , \quad i = 1,2,3, and\ j = 1,2,3,4.$$

Os grupos de rendimento e os custos dos motociclos são codificados da seguinte forma

Tabela:2.1 (Grupos de rendimento e códigos de custo da bicicleta)

Income- Groups	code
< 10,000	1
10,000 -15,000	2
>15,000	3

Bike Cost	code
30,000-40,000	1
40,000-50,000	2
50,000-60,000	3
> 60,000	4

No que respeita ao nosso problema, Pij representa a probabilidade de um aluno do nível i[th] de INCOME possui uma bicicleta do nível j[th] de COST, i= 1,2,3 ; j =1,2,3,4 ou seja

$$P\{ \text{Income} = i \text{ ,cost} = j \} = P_{ij} > 0 \ , \ \sum_{i=1}^{3}\sum_{j=1}^{4} p_{ij} = 1$$

A partir da definição de probabilidade condicional , obtemos,

$$P_{ij} = P\{ \text{Income} = i \text{ ,cost} = j \}$$
$$= P\{ \text{Income} = i\} \ ,P\{\text{cost} = j \text{ /Income} = i \}$$
$$= p_{i+} \ P\{\text{cost} = j \text{ /Income} = i \}$$

Aqui, $p_{i+}\ \sum_{j=1}^{4} p_{ij}$, o subscrito "+" indica qual a variável que foi somada ou colapsada. Ora, se o rendimento e o custo são independentes, então,

$$P\{\text{cost} = j \text{ ,Income} = i \}= P\{ \text{Income} = i\}P\{\text{cost} = j \}$$

Assim, a hipótese de independência é dada por

$$H_0: \{cost = j \text{ /Income} = i\,\} = p_{i+} \quad P\{cost = j \text{ /Income} = i\,\}$$

$$H_0 : p_{ij} \neq p_{i+} \cdot p_{+j} \,, \quad i = 1,2,3, \text{ and } j = 1,2,3,4$$

As frequências para a tabulação cruzada de Renda X Custo são apresentadas no diagrama de barras a seguir. A partir do diagrama, notamos que qualquer que seja o grupo de renda, o número de bicicletas que custam 30.000 - 40.000 - 50.000 são compradas principalmente pelo grupo de baixa renda < 10.000. As frequências relativas de bicicletas que custam 50 000 - 60 000 são quase igualmente possuídas pelos grupos de rendimento médio 10 000 - 15 000 e superior > 15 000. As bicicletas de gama alta são quase duas vezes mais prováveis entre os grupos de rendimento mais elevado do que entre os outros grupos de rendimento. Assim, a partir desta figura, observamos que existe alguma associação entre os níveis de rendimento e de custo. É esta associação que gostaríamos de estabelecer e medir.

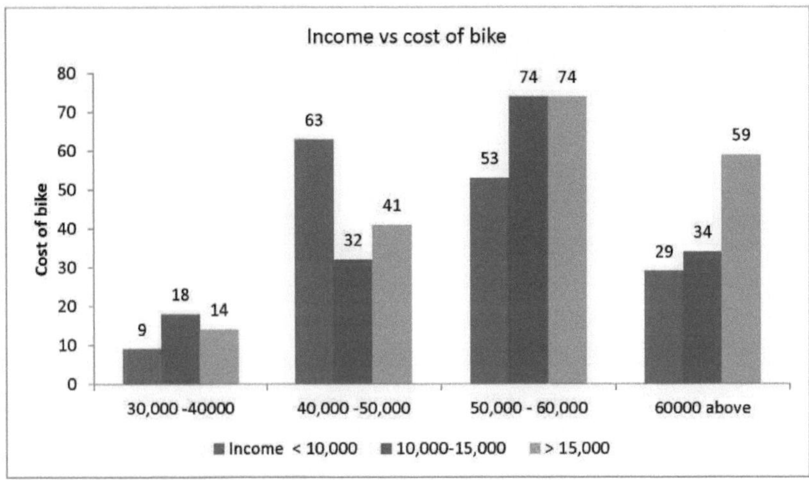

Gráfico 2.1: Distribuição do rendimento e do custo da bicicleta

O nosso conjunto de dados resultou na seguinte tabela cruzada para Rendimento versus Custo da bicicleta. É evidente que existem discrepâncias entre as frequências reais e as frequências esperadas. Estas diferenças são significativas? Para o saber, é efectuado o teste do Qui-quadrado de Pearson e os resultados são apresentados na tabela seguinte:

Rendimento versus custo da bicicleta Tabulação cruzada

Quadro 2.2: (Custo da bicicleta, rendimento da família números valores médios)

Cost of the Bike Cross tabulation				
	30,000 - 40000	40,000 - 50,000	50,000 - 60,000	60000 above	Total
Income < 10,000	9 (1.80)	63(12.60)	53(10.60)	29(5.80)	154(30.80)
10,000-15,000	18 (3.26	32(6.40	74(14.80)	34(6.80)	158(31.60)
> 15,000	14 (2.80)	41(8.20)	74(14.80)	59(11.80)	188(37.60)
Total	41(8.20)	136(27.20)	201(40.20)	122(24.40)	500(100.00)

Quadro 2.3 : Significância dos testes de qui-quadrado

	Value	Degrees of freedom	P-Value
Pearson Chi-square Continuity Correction	27.886	6	0.000**
likelihood ratio	26.631	6	0.000**
Linear-by-Linear Association	8.572	1	0.003**
N of Vaild cases	500		

Nota: ** Significativo ao nível de 0,01

A tabela mostra que o valor de $p < 0,05$ e, portanto, a hipótese de independência entre as variáveis de classificação é rejeitada. Assim, existe alguma dependência entre o fator
níveis de Rendimento e Custo. O nosso próximo problema é descobrir a força da associação entre os níveis dos factores Rendimento e Custo da bicicleta.

Para medir a força da associação entre variáveis categóricas, o SPSS oferece várias medidas de associação. Estas medidas estão agrupadas em duas categorias, nomeadamente nominais e ordinais. Note-se que ambas as variáveis de classificação são de natureza ordinal. Assim, é adequado utilizar uma medida ordinal de associação para avaliar a força. A medida d de Somers é uma dessas medidas. A Somers'd é uma medida ordinal direcional que indica a significância, a força e a direção da relação entre as variáveis de linha e coluna de uma tabulação cruzada. Um valor de significância baixo (normalmente inferior a 0,005) indica que existe uma relação entre as duas variáveis. O valor da estatística pode variar de -1 a 1. Valores negativos indicam uma relação negativa, e valores positivos indicam uma relação positiva. O Somers'd é apropriado quando ambas as variáveis são ordinais, variáveis categóricas.

Relativamente à nossa tabela cruzada Rendimento X custo, como o valor de significância para esta estatística da tabela é inferior a 0,05, existe alguma associação entre as variáveis. No entanto, o valor estatístico de 0,128 indica que existe uma relação positiva entre as variáveis de classificação, mas a força da associação é fraca. Somer'd.

$$d_{cost/Income} = \frac{C-D}{C+D+T_1}$$

Para a hipótese de que o Rendimento causa ou prevê o Custo, observa-se que é de 0,131 com um erro padrão assintótico de 0,40.

Tabela 2.4: Medidas direcionais para os parâmetros

			Value	Asymp. Std.Error [a]	Approx.T[b]	Approx. sig
Nominal By Nominal	Lambda	Symmetric	0.059	0.037	1.574	0.116
		Income Dependent	0.083	0.052	1.574	0.122
		Cost dependent	0.033	0.035	0.929	0.353
	Goodman and Kruskal tau	Symmetric				
		Income Dependent	0.027	0.011		0.000[c]
		Cost dependent	0.021	0.009		0.000[c]
	Uncertainty coefficent	Symmetric	0.023	0.009	2.549	0.000[d]
		Income Dependent	0.024	0.01	2.549	0.000[d]
		Cost dependent	0.021	0.008	2.549	0.000[d]
Ordinal by Ordinal	Somers.d	Symmetric	0.128	0.039	3.285	0.001
		Income Dependent	0.125	0.038	3.285	0.001
		Cost dependent	0.131	0.04	3.285	0.001

Quadro 2.5 Medidas simétricas

		Value	Asymp. Std.Error a	Approx.Tb	Approx. sig
Nominal	Phi	0.236			0.000
by	Cramer's V	0.167			0.000
Nominal	Contingency Co-efficient	0.230			0.000
Ordinal	Kendali's tau-b	0.128	0.039	3.285	0.001
by	Kendali's tau-c	0.130	0.040	3.285	0.001
ordinal	gamma	0.186	0.056	3.285	0.001
	Spearman correlation	0.145	0.044	3.276	0.001c
Interval by Interval		0.131	0.044	2.960	0.003c
N of Vaild cases	Perason's R	0.500			
a. Not Assuming the Null hypothesis					
b. Using the asymptotic standard error assuming the Null hypothesis.					
c. Based in Chi-square approximation					
d. Likelihood ratio Chi-square probability.					

Aqui, o tau-b (0,128) é mais fraco do que o V de Cramer (0,167) e ambos são significativos. Note-se que Phi(.236) e o V de Cramer(0.167) são diferentes, pelo que o V de Cramer é relevante.

2.7 RENDIMENTO x MANUTENÇÃO

Pode argumentar-se que o RENDIMENTO forma uma série de estratos, pelo que deve ser considerado como um fator. Também se pode fazer uma afirmação semelhante em relação à MANUTENÇÃO. Uma vez que o RENDIMENTO e a MANUTENÇÃO da bicicleta foram consultados simultaneamente, tratá-los-emos como aleatórios. Os pressupostos habituais conduzem a uma distribuição multinomial com I x J níveis. Ou seja, deixe Yu denotar a contagem na célula (i,j) para uma amostra de tamanho n. Então, os parâmetros multinomiais são Pu, que são as probabilidades de um indivíduo selecionado aleatoriamente estar no nível I da primeira resposta e no nível j da segunda resposta. Neste modelo, existe apenas uma restrição, que pode ser escrita de duas formas.

$$\sum_{i=1}^{I} \sum_{j=1}^{J} p_{ij} = 1 \quad \text{or} \quad \sum_{i=1}^{I} \sum_{j=1}^{J} y_{ij} = n$$

A hipótese nula correspondente é que as variáveis são independentes. Isto significa que as probabilidades dos acontecimentos conjuntos nas células podem ser escritas em termos das probabilidades marginais. Isto é,

$$H_0 : p_{ij} = p_{i+}.p_{+j} \ , \quad i = 1,2,3, \text{and } j = 1,2,3,4.$$

Quadro 2.6: Os grupos de rendimento e as costas dos motociclos são codificados da seguinte forma

Income- Groups	code
< 10,000	1
10,000 -15,000	2
> 15,000	3

Bike Maintenance	code
< 500	1
500 -1,000	2
1,000 – 1,500	3
>1,500	4

No que se refere ao nosso problema, Pij denota a probabilidade de um aluno do nível i^{th} de RENDIMENTO possuir uma bicicleta do nível j^{th} de MANUTENÇÃO, i=1, 2, 3 j= 1,2,3,4.

Isto é

$$P\{ \text{Income} = i , \text{Maintenance} = j \} = P_{ij} > 0 \ , \ \sum_{i=1}^{3} \sum_{j=1}^{4} p_{ij} = 1$$

A partir da definição de probabilidade condicional, obtemos,

$$P_{ij} = P\{ \text{Income} = i , \text{Maintenance} = j \}$$
$$= P\{ \text{Income} = i\} , P\{\text{cost} = j \ / \ \text{Maintenance} = i \}$$
$$= p_{i+} \ \ P\{\text{cost} = j \ / \ \text{Maintenance} = i \}$$

Aqui , $p_{i+} \ \sum_{j=1}^{4} p_{ij}$ o subscrito "+" indica qual a variável que foi somada ou colapsada. Ora, se o rendimento e a Manutenção são independentes, então,

$$P\{ \text{Maintenance} = j , \text{Income} = i \} = P\{ \text{Maintenance} = j\} = P_{ij}$$

Assim, a hipótese de independência é dada por

$$H_0 : \{\text{Maintenance} = j, \text{Income} = i \} = P \{\text{Maintenance} = j\}.p\{\text{Income} = i \}$$

Tabela 2.7: Rendimento versus manutenção da bicicleta Tabulação cruzada

		Maintenance of the Bike				
		<=500	500-1000	1000-1500	>1500	Total
Income < 10,000	Count	30	67	31	26	154
	Expected Count	17.9	49.9	48.7	37.6	154.0
10,000-15,000	Count	17	48	68	25	158
	Expected Count	18.3	51.2	49.9	38.6	158.0
> 15,000	Count	11	47	59	71	188
	Expected Count	21.8	30.9	59.4	45.9	188.0
Total	Count	58	162	158	122	500
	Expected Count	58.0	162.0	158.0	122.0	500.0

Or $\quad H_0 : p_{ij} \neq p_{i+}.p_{+j} \ , \quad i = 1,2,3, \text{and } j = 1,2,3,4$

O nosso conjunto de dados resultou na seguinte tabela cruzada para RENDIMENTO versus MANUTENÇÃO da bicicleta. A partir da tabela, notamos que existem diferenças nas frequências observadas e nas frequências esperadas sob o pressuposto multinomial. A nossa tarefa seguinte é avaliar se estas discrepâncias entre as frequências observadas e as frequências esperadas são devidas ao acaso ou se se devem a alguma associação sistemática entre as duas variáveis de classificação. Para o efeito, é realizado o teste do qui-quadrado de Pearson e os resultados são apresentados na seguinte tabela de qui-quadrado. A partir da tabela, observamos que o Qui-Quadrado.

Quadro 2.8: Testes do Qui-Quadrado

	Value	df	P-value
Pearson Chi-square Continuity Correction	57.988[a]	6	0.000**
likelihood ratio	56.899	6	0.000**
Linear-by-Linear Association	40.571	1	0.003**
N of Vaild cases	500		

a = 0 células (0%) têm uma contagem esperada inferior a 5. A contagem mínima esperada é 17,86.

O valor de significância p = 000 é inferior a 0,05. Este facto sugere que existe alguma associação entre as variáveis de classificação.

Para responder ao grau de associação destas variáveis, podemos utilizar as medidas ordinais, tais como a estatística Somers'd, a estatística Kendall's tau, etc. Estes valores são apresentados na seguinte tabela de medidas direcionais.

A partir da tabela, verificamos que o valor de significância para Somers'd é significativo, uma vez que p=0,000 é inferior a 0,05. Este facto sugere que existe alguma associação entre as variáveis em estudo. No entanto, o valor estatístico de 0,253 sugere que existe uma associação positiva entre as variáveis de classificação, mas a força da associação é fraca.

$$d_{\text{Maintenance}/Income} = \frac{C-D}{C+D+T_1}$$

Para a hipótese de que o Rendimento causa ou prevê a Manutenção, observa-se que é de 0,264 com um erro padrão assintótico de 0,40.

Tabela 2.9: Medidas direcionais

			Value	Asymp. Std.Error [a]	Approx. T[b]	Approx. sig
Nominal By Nominal	Lambda	Symmetric	0.142	0.040	3.407	0.001
		Income Dependent	0.154	0.050	2.882	0.004
		Maintenance dependent	0.130	0.042	2.900	0.004
	Goodman and Kruskal tau	Symmetric				
		Income Dependent	0.059	0.015		0.000[c]
		Maintenance dependent	0.039	0.011		0.000[c]
	Uncertainty coefficent	Symmetric	0.047	0.012	3.821	0.000[d]
		Income Dependent	0.052	0.014	3.821	0.000[d]
		Maintenance dependent	0.043	0.011	3.821	0.000[d]
Ordinal by Ordinal	Somers.d	Symmetric	0.253	0.038	6.574	0.000
		Income Dependent	0.243	0.037	6.574	0.000
		Maintenance dependent	0.264	0.040	6.574	0.000

a. Não assumir a hipótese nula.

b. Utilizar o erro padrão assintótico assumindo a hipótese nula.

c. Baseado na aproximação do qui-quadrado

d. Probabilidade do qui-quadrado do rácio de verosimilhança.

2.8 CONCLUSÕES

As observações são as seguintes:

- Observamos que os grupos com rendimentos mais elevados tendem a comprar bicicletas de custo mais elevado. A direção da associação é positiva, mas a força da associação entre as duas variáveis de classificação é pequena. Neste caso, uma associação fraca pode ter resultado em significância devido à grande dimensão da amostra. A questão que se coloca agora é a seguinte: devemos rejeitar esta correlação porque explica muito pouco da co-variação entre as variáveis? Pode argumentar-se que o custo da bicicleta é determinado por muitas caraterísticas tecnológicas que a compõem, juntamente com a boa vontade da empresa. Uma vez que essas variáveis não foram incluídas no estudo, é necessária uma investigação mais aprofundada. A associação observada é razoável do ponto de vista do senso comum. Pode considerar-se a decomposição da estatística do qui-quadrado para uma melhor compreensão da força da associação.

- A partir da tabela cruzada Renda x Manutenção, observamos que existe uma associação positiva entre renda e manutenção. Também neste caso, a força da associação é fraca, mas um pouco mais forte do que a associação observada com Renda X Custo. Esta associação também é razoável porque, como os grupos com rendimentos mais elevados tendem a comprar bicicletas de gama alta, as bicicletas de gama alta utilizam tecnologia sofisticada e a utilização dessa tecnologia resulta numa redução da quilometragem. Por exemplo, uma bicicleta com uma grande capacidade cúbica, pneus pesados e um sistema de dupla obturação tem como resultado uma menor quilometragem. À medida que a quilometragem diminui, a manutenção do estudante aumenta.

CAPÍTULO 3

ANÁLISE DE FACTORES

3.1   INTRODUÇÃO

A análise fatorial é uma técnica popular de redução da dimensão. Através dela, podemos estudar a estrutura de correlação entre as variáveis. É utilizada para uma variedade de objectivos. Uma aplicação da análise fatorial é a elaboração de questionários. Se quisermos medir uma capacidade ou um traço, devemos certificar-nos de que incluímos todas as perguntas relacionadas com a construção que pretendemos medir. Neste trabalho de projeto, pretendemos saber

Objetivo - 1 Que caraterísticas de uma bicicleta são preferidas por um estudante ao comprar uma bicicleta? Objetivo - 2 Quais são as finalidades básicas para as quais um estudante utiliza uma bicicleta?

A nossa análise é basicamente uma análise exploratória, uma vez que queremos explorar os factores que influenciam a escolha de uma bicicleta. No estudo do Objetivo -1 acima referido, estamos interessados em saber quais são as diferentes caraterísticas que um estudante analisa antes de escolher uma bicicleta. Estas caraterísticas podem estar relacionadas com a empresa/fabricante da bicicleta, o modelo, o custo, as caraterísticas que são observáveis no exterior, as caraterísticas que estão relacionadas com a tecnologia, onde é que ele obtém informações sobre a bicicleta, etc. Pensámos em cerca de 25 caraterísticas e estamos interessados em saber qual é a sua utilidade para determinar a escolha de uma bicicleta por um estudante.

3.2   FACTORES QUE DETERMINAM A SELECÇÃO DA BICICLETA

A nossa amostra é constituída por 500 estudantes selecionados de quatro disciplinas que incluem o nível intermédio, a licenciatura, a pós-graduação e a engenharia. A análise fatorial pode ser utilizada para determinar os factores que influenciam um estudante na seleção de uma bicicleta. Nas secções seguintes, ilustramos a análise fatorial utilizando o pacote SPSS.

3.2.1   Análise de dados

Dado um conjunto de variáveis, o SPSS encontrará quase sempre uma solução de fator para esse conjunto de variáveis. A solução não terá qualquer significado real se as variáveis analisadas não forem sensatas. Existem várias técnicas que podem ser utilizadas para saber se podemos prosseguir com a análise fatorial do nosso conjunto de dados. Alguns dos procedimentos populares que se podem adotar são:

❖ Estudar as correlações entre as variáveis.

❖ Matriz Anti-Imagem

- ❖ Medida de adequação da amostragem de Kaiser-Meyer-Olkin
- ❖ Teste de esfericidade de Bartlett

Análise de clusters

3.2.2 Tabela de correlações

Esta tabela apresenta as correlações entre as variáveis da nossa análise. Podemos utilizar esta matriz de correlação para verificar o padrão das relações. Estes valores também podem ser utilizados para calcular as cargas factoriais e as pontuações dos factores de regressão para determinados modelos comuns de análise fatorial (ou seja, modelos de componentes não principais). Ao analisar os valores reais das correlações entre as variáveis e os seus valores de significância, podemos identificar as variáveis que podem ser retidas no estudo.

A tabela de correlação seguinte apresenta as correlações entre todas as variáveis concebidas no estudo. Ao inspecionar as correlações entre as variáveis, observamos que as magnitudes das correlações são suficientemente grandes e que, por isso, a análise fatorial pode ser utilizada na análise dos dados.

Note-se que a tabela de correlação também apresenta o valor do determinante. Esta opção é vital para testar a linearidade ou singularidade multi-co. O determinante deve ser maior que 0,00001. Quando há um grande número de variáveis, a inspeção da tabela de correlação é difícil. Nesses casos, pode recorrer-se ao gráfico de dispersão matricial para avaliar as correlações globais de várias variáveis com as outras variáveis. Como as variáveis são medidas numa escala de Likert, esta opção não é útil no presente problema.

Tabela:3.1 Matriz de correlação

Variables	Company	Company Service	C.C	Mileage	Spare parts availability	cost	Lights	model	Latest Technology	Remote starting	Stylish look	Colour	Gears	Heavytyres	double plugsystem	Magwheels	Digtalmeters	Hydralic jockers	Disk breaks	T.V.adds	Magazines	Newspapers	friends	Hoardings	Mechanic
Company	1.00	0.62	0.48	0.45	0.35	0.27	0.33	0.43	0.40	0.26	0.34	0.42	0.22	0.16	0.14	0.23	0.24	0.31	0.25	0.05	0.00	0.06	0.20	0.08	0.18
Company Service	0.62	1.00	0.59	0.59	0.55	0.30	0.41	0.43	0.41	0.31	0.38	0.40	0.30	0.14	0.19	0.30	0.25	0.31	0.28	0.04	0.05	0.04	0.20	0.05	0.22
C.C	0.48	0.59	1.00	0.63	0.51	0.31	0.41	0.46	0.44	0.27	0.47	0.41	0.28	0.27	0.27	0.34	0.26	0.31	0.30	0.10	0.06	0.08	0.18	0.19	0.16
Mileage	0.45	0.59	0.63	1.00	0.59	0.32	0.39	0.48	0.43	0.25	0.42	0.43	0.27	0.23	0.27	0.30	0.27	0.24	0.39	0.05	0.04	0.06	0.17	0.13	0.20
Spare parts availability	0.35	0.55	0.51	0.59	1.00	0.33	0.47	0.40	0.42	0.28	0.39	0.40	0.27	0.24	0.25	0.33	0.22	0.29	0.30	0.06	0.08	0.06	0.16	0.16	0.24
cost	0.27	0.30	0.31	0.32	0.33	1.00	0.37	0.34	0.37	0.23	0.33	0.29	0.20	0.18	0.18	0.24	0.16	0.24	0.22	0.01	0.10	0.06	0.18	0.09	0.18
Lights	0.33	0.41	0.41	0.39	0.47	0.37	1.00	0.51	0.46	0.28	0.41	0.43	0.35	0.28	0.29	0.25	0.32	0.23	0.27	0.08	0.07	0.09	0.17	0.19	0.22
model	0.43	0.43	0.46	0.48	0.40	0.34	0.51	1.00	0.65	0.39	0.56	0.55	0.36	0.18	0.25	0.27	0.28	0.30	0.38	0.03	0.02	0.03	0.17	0.14	0.18
Latest Technology	0.40	0.41	0.44	0.43	0.42	0.37	0.46	0.65	1.00	0.40	0.56	0.48	0.37	0.19	0.23	0.30	0.29	0.35	0.39	0.04	0.03	0.09	0.22	0.20	0.19
remote starting	0.25	0.31	0.27	0.25	0.28	0.23	0.28	0.39	0.40	1.00	0.49	0.36	0.33	0.24	0.36	0.23	0.27	0.24	0.35	0.13	0.18	0.19	0.20	0.18	0.17
Stylish look	0.34	0.38	0.47	0.46	0.39	0.33	0.41	0.56	0.56	0.49	1.00	0.59	0.40	0.26	0.32	0.35	0.30	0.34	0.40	0.10	0.15	0.16	0.19	0.25	0.29
Colour	0.42	0.40	0.41	0.43	0.40	0.29	0.43	0.55	0.48	0.36	0.59	1.00	0.4	0.2	0.32	0.3	0.3	0.35	0.3	0.1	0.1	0.1	0.2	0.1	0.2

											9	0	1	9		6	4		5	1	3	5	9	7	5
Gears	0.22	0.30	0.28	0.27	0.26	0.20	0.35	0.36	0.37	0.33	0.40	0.41	1.00	0.26	0.35	0.34	0.26	0.25	0.33	0.14	0.13	0.11	0.27	0.12	0.22
Heavytyres	0.16	0.14	0.27	0.23	0.24	0.18	0.28	0.18	0.19	0.24	0.26	0.29	0.26	1.00	0.42	0.36	0.41	0.29	0.29	0.16	0.17	0.24	0.14	0.21	0.08
double plugsystem	0.14	0.19	0.27	0.27	0.25	0.18	0.29	0.25	0.23	0.36	0.32	0.32	0.35	0.42	1.00	0.48	0.43	0.32	0.32	0.26	0.24	0.21	0.13	0.28	0.20
Magwheels	0.24	0.30	0.34	0.30	0.33	0.24	0.25	0.27	0.30	0.33	0.35	0.36	0.34	0.36	0.48	1.00	0.45	0.40	0.30	0.21	0.22	0.18	0.20	0.17	0.19
Digtalmeters	0.24	0.25	0.26	0.27	0.22	0.16	0.32	0.28	0.29	0.27	0.30	0.34	0.26	0.41	0.43	0.45	1.00	0.49	0.40	0.17	0.20	0.20	0.20	0.18	0.20
Hydralic jockers	0.31	0.31	0.31	0.24	0.29	0.24	0.33	0.30	0.35	0.24	0.34	0.35	0.25	0.29	0.32	0.40	0.49	1.00	0.42	0.13	0.15	0.13	0.23	0.16	0.20
Disk breaks	0.25	0.28	0.30	0.29	0.30	0.22	0.27	0.38	0.39	0.35	0.40	0.35	0.33	0.29	0.32	0.30	0.40	0.42	1.00	0.11	0.12	0.08	0.25	0.27	0.30
T.V.adds	0.05	0.04	0.10	0.05	0.06	0.01	0.08	0.03	0.04	0.13	0.10	0.11	0.14	0.16	0.26	0.21	0.17	0.13	0.11	1.00	0.57	0.58	0.27	0.40	0.23
Magazines	0.01	0.05	0.06	0.04	0.08	0.10	0.74	0.02	0.03	0.18	0.15	0.13	0.13	0.17	0.24	0.22	0.20	0.15	0.12	0.57	1.00	0.27	0.26	0.39	0.28
Newspapers	0.06	0.04	0.08	0.06	0.06	0.06	0.09	0.03	0.09	0.19	0.16	0.15	0.11	0.24	0.21	0.18	0.20	0.13	0.08	0.58	0.61	1.00	0.36	0.43	0.22
friends	0.20	0.18	0.12	0.16	0.18	0.17	0.17	0.22	0.20	0.19	0.29	0.27	0.14	0.13	0.20	0.19	0.23	0.25	0.27	0.26	0.36	0.36	1.00	0.35	0.28
Hoardings	0.08	0.05	0.19	0.13	0.16	0.09	0.19	0.14	0.10	0.18	0.25	0.17	0.12	0.21	0.28	0.17	0.18	0.16	0.27	0.40	0.39	0.43	0.35	1.00	0.34
Mechanic	0.18	0.22	0.16	0.20	0.24	0.18	0.22	0.18	0.19	0.17	0.29	0.25	0.22	0.08	0.20	0.19	0.20	0.20	0.30	0.23	0.28	0.22	0.28	0.34	1.00

3.2.3 Medida de adequação da amostragem de Kaiser-Meyer - Olkin:

Este quadro apresenta dois testes que indicam a adequação dos nossos dados à análise fatorial. A Medida de Adequação da Amostragem de Kaiser - Meyer - Olkin é uma estatística que indica a proporção da variância nas suas variáveis que é uma variância comum, ou seja, que pode ser causada por factores subjacentes. Valores elevados (próximos de 1,0) indicam geralmente que uma análise de factores pode ser útil para os seus dados. Se o valor for inferior a 50, os resultados da análise fatorial provavelmente não serão muito úteis. Os valores entre 0,5 e 0,7 são medíocres, os valores entre 0,7 e 0,8 são bons, os valores entre 0,8 e 0,9 são óptimos e os valores acima de 0,9 são excelentes. No presente projeto, existem 25 variáveis medidas em 500 casos. Para os dados em análise, o valor de KMO é de 0,9148436719653, que é superior a 0,9; por isso, estamos confiantes de que a análise fatorial é apropriada para estes dados. Este critério é preciso quando há menos de 30 variáveis e as comunalidades após a extração são superiores a 0,7 ou quando o tamanho da amostra é superior a 250 e a comunalidade média é superior a 0,6.

3.2.4 Teste de Esfericidade de Bartlett:

Este teste é utilizado para testar a hipótese nula de que a matriz de correlação original é uma matriz de identificação. Aceitar esta hipótese nula significa que as nossas variáveis não estão relacionadas. Rejeitar a hipótese nula significa que existem correlações entre as variáveis. Para que a análise fatorial funcione, precisamos de algumas relações entre as variáveis e, se a matriz de correlação fosse uma matriz de identidade, todos os coeficientes de correlação seriam zero. Por conseguinte, queremos que este teste seja significativo. O nível de significância fornece o resultado do teste. Valores muito pequenos (inferiores a 0,05) indicam que provavelmente existem relações significativas entre as variáveis. Um teste significativo indica que a matriz de correlação não é uma matriz de identidade e, portanto, esperamos algumas relações entre as variáveis. Se o valor for superior a 0,10, pode indicar que os dados não são adequados para a análise fatorial. Para o problema em análise, o valor de significância é 0,000, pelo que as variáveis não são independentes. Por isso, este teste também nos sugere que devemos prosseguir com a análise fatorial.

Tabela 3.2: KMO e teste de Bartlett

Kaiser-Meyer-olkin Measure of sampling adequacy		0.914843672
Bartlett's test of Sphericity	Approx.chi-square	4940.021
	df	0.300
	sig	0.000

3.2.5   Análise de clusters:

Outra alternativa é analisar as variáveis por clusters e inspecionar o dendrograma. Esta é uma boa adoção no presente contexto. A partir do dendrograma, é claramente evidente que existem três grupos de variáveis, que significam aspectos diferentes. Isto sugere que existem correlações entre as variáveis, bem como o número de factores que podem ser extraídos.

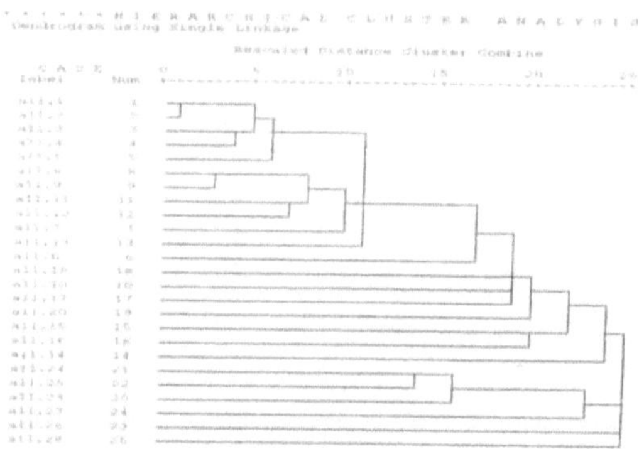

3.3   EXTRACÇÃO DE FACTORES

A análise fatorial consiste em selecionar o método de extração dos componentes, o número de componentes a extrair e o método de rotação para a interpretação dos factores. Selecionámos o método de extração das componentes principais e o método de rotação varimax. O número de factores extraídos baseia-se no valor próprio mais do que uma regra. Isto resultou em várias tabelas e consideramo-las uma a uma.

3.3.   1Tabela de comunidades

Este quadro dá-nos a proporção da variância explicada pelos factores subjacentes. Após a extração, alguns dos factores são eliminados, pelo que se perde alguma informação. A quantidade de variância em cada variável que pode ser explicada pelos factores retidos é representada pelas comunalidades após a extração.

Nesta coluna de comunalidades da Tabela de Comunalidades, verificamos que os factores extraídos explicam cerca de 54,1% de variação na variável Empresa. A variação máxima explicada pelos factores extraídos é de 70,4% e isso ocorre com a variável Serviço da Empresa. Os factores extraídos explicam apenas 27,4% da variação da variável Custo. Os restantes valores devem ser interpretados de forma semelhante. Assim, para que a solução fatorial seja mais eficaz, estes valores devem ser o mais próximo possível de 1.

Quadro 3.3: Comunalidades

	initial	Extraction
Company	1.000	0.541
Company Service	1.000	0.704
C.C	1.000	0.660
Mileage	1.000	0.677
Spare parts availability	1.000	0.558
cost	1.000	0.274
Lights	1.000	0.440
model	1.000	0.669
Latest Technology	1.000	0.636
remote starting	1.000	0.489
Stylish look	1.000	0.657
Colour	1.000	0.546
Gears	1.000	0.446
Heavytyres	1.000	0.546
double plugsystem	1.000	0.580
Magwheels	1.000	0.542
Digtalmeters	1.000	0.639
Hydralic jockers	1.000	0.610
Disk breaks	1.000	0.583
T.V.adds	1.000	0.651
Magazines	1.000	0.674
Newspapers	1.000	0.694
friends	1.000	0.507
Hoardings	1.000	0.488
Mechanic	1.000	0.482

Método de extração: análise de componentes principais

3.3.   2Tabela da variância total   explicada:

Este quadro é constituído pelos seguintes painéis.

1.   total de componentes possíveis

2.   valores próprios iniciais

3.   extração de somas de cargas quadradas

4.   soma das cargas quadráticas   da rotação

O primeiro painel apresenta os números de série dos componentes que são possíveis. O segundo painel apresenta valores baseados nos valores Eigen iniciais. Para a solução inicial, existem tantos componentes ou factores quantas as variáveis. A coluna "Total" apresenta a quantidade de variância nas variáveis observadas contabilizada por cada componente ou fator. A coluna "% de variância" fornece a percentagem de variância contabilizada por cada fator ou componente específico, relativamente à variância total em todas as variáveis. A coluna "% cumulativa" apresenta a percentagem de variação contabilizada por todos os factores ou componentes até ao fator atual, inclusive. Por exemplo, a % acumulada para o segundo fator é a soma da % de variância para o primeiro e segundo factores. Numa boa análise fatorial, existem poucos factores que explicam uma grande parte da variância e os restantes factores explicam uma grande parte da variância e os restantes factores explicam quantidades relativamente pequenas de variância. O grupo Somas de cargas quadráticas da extração fornece informações sobre os factores extraídos dos componentes. Para a extração de componentes principais, estes valores serão os mesmos que os reportados em Valores Eigen iniciais. Para outros métodos de extração, estes valores são geralmente mais pequenos do que os valores iniciais, devido a erros nas medições. Se tiver solicitado uma rotação de factores, verá o grupo "Rotation Sums of Squared Loadings". A variância contabilizada pelos factores ou componentes rodados pode ser diferente da relatada para a extração, mas a % acumulada para o conjunto de factores ou componentes será sempre a mesma.

A regra do valor de Eigen superior a um sugere que devemos considerar uma solução fatorial com 5 factores. Os valores Eigen superiores a um são 31,278, 11,177, 5,946, 4,737 e 4,034. Ou seja, a variância percentual explicada pelo primeiro ao quinto factores é de 31,278%, 11,177%, 5,946%, 4,737% e 4,034%, respetivamente. Os factores extraídos devem ser interpretáveis. Em função da natureza do problema, escolhemos um método de rotação adequado para dar uma interpretação dos factores extraídos. Após a rotação, a variação das proporções explicadas pelos factores é mais uniforme do que antes da rotação. O método de rotação que utilizámos é o varimax. Após a rotação varimax, a variação percentual explicada pelos diferentes factores extraídos é de 14,949, 13,890, 11,118, 10,432 e 6,783. Note-se que o primeiro fator explica agora apenas 14,949%.

Tabela 3.4 Valores Eigen

Component	Initial Eigen Values			Extraction sum of squared loadings			Roatation sum of squared loadings		
	Total	% of variation	Cumulative %	Total	% of variation	Cumulative %	Total	% of variation	Cumulative %
1	7.819	31.279	31.279	7.619	31.279	31.279	3.737	14.949	14.949
2	2.794	11.177	42.455	2.794	11.177	42.455	3.473	13.890	28.839
3	1.486	5.944	48.400	1.486	5.944	48.400	2.780	11.118	39.957
4	1.184	4.736	53.136	1.184	4.736	53.136	2.808	10.432	50.389
5	1.008	4.032	57.169	1.008	4.032	57.169	1.693	6.783	57.172
6	0.895	3.580	60.749						
7	0.862	3.448	64.197						
8	0.790	3.160	67.357						
9	0.751	3.004	70.362						
10	0.666	2.664	73.026						
11	0.651	2.604	75.630						
12	0.619	2.476	78.106						
13	0.595	2.380	80.486						
14	0.588	2.352	82.839						
15	0.537	2.148	84.987						
16	0.479	1.916	86.903						
17	0.472	1.888	88.791						
18	0.439	1.756	90.547						
19	0.414	1.656	92.203						
20	0.374	1.496	93.699						
21	0.359	1.436	95.136						
22	0.341	1.364	96.500						
23	0.309	1.236	97.736						
24	0.290	1.160	98.896						
25	0.276	1.104	100.000						

1.1.3 Número de factores a extrair:

Existem várias regras de orientação para determinar o número de factores a extrair.

- ❖ Valor próprio superior a uma regra

- ❖ Gráfico Scree

- ❖ Variância total explicada

No gráfico seguinte, apresentamos o gráfico de ecrã para o problema atual. O gráfico do ecrã sugere que devem ser considerados cinco factores. Como o valor próprio é superior a 1 e o gráfico indica que existem cinco factores, podem ser considerados cinco factores para este problema.

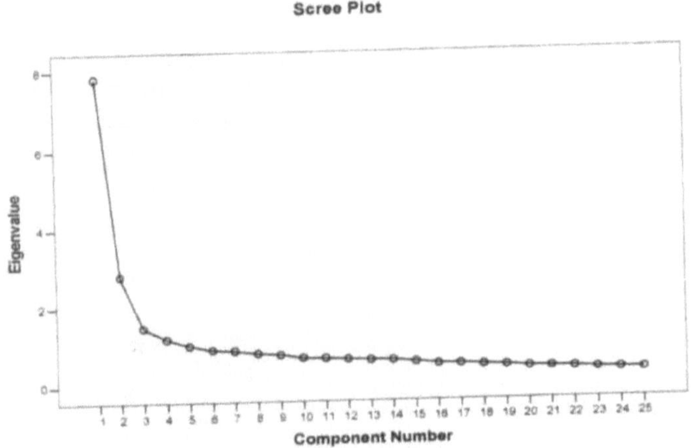

1.1.4 Solução rotativa:

A partir da tabela da matriz de componentes, notamos que a maioria das variáveis está fortemente carregada no primeiro fator e algumas variáveis no segundo fator. A maioria das restantes variáveis está vazia, porque optámos por considerar apenas as cargas superiores a 0,4. Note-se também que as cargas estão ordenadas por magnitude. Existem três cargas negativas no terceiro fator. Além disso, todas as cargas no quarto fator são inferiores a 0,4 e, por isso, não vemos valores nesta coluna. Há apenas uma variável no quinto fator com uma carga de 0,431. Estes factores não são interpretáveis. Por exemplo, se as variáveis "amigos" e "mecânico" não estivessem carregadas no primeiro fator, este tornar-se-ia um fator relacionado com as caraterísticas da bicicleta. O segundo fator pode ser interpretado como o fator "meios de comunicação". Este é o único fator claro. Os restantes factores não podem ser interpretados.

Quadro 3.5 Matriz de componentes

	1	2	3	4	5
Stylish look	0.722				
Colour	0.703				
Model	0.689				
Latest Technology	0.680				
C.C	0.660				
Mileage	0.673				
Company Service	0.657				
Spare parts availability	0.647				
Lights	0.640				
Disk breaks	0.635				
Magwheels	0.587				
Company	0.583				
Hydralic jockers	0.575				0.431
remote starting	0.569				
Digtalmeters	0.563		-0.446		
Gears	0.561				
double plugsystem	0.546		-0.411		
Cost	0.546				
Heavytyres	0.481		-0.441		
Friends	0.465				
Mechanic	0.422				
Magazines	0.415	0.727			
Newspapers adds		0.711			
T.V.adds		0.695			
Hoardings		0.540			

Método de extração Análise de componentes principais

Para interpretar os factores, é necessário proceder à rotação dos factores. A solução dos factores após a rotação Varimax resultou na Matriz de Componentes Rotacionados. A partir desta tabela, vemos claramente que os meios de comunicação são novamente um fator e são o terceiro em importância. As variáveis Empresa, Serviço da empresa, Quilometragem, CC e Disponibilidade de peças sobressalentes estão fortemente carregadas no primeiro fator. Este primeiro fator corresponde às caraterísticas básicas gerais que um estudante procura numa bicicleta. A segunda componente descreve o estilo da bicicleta. Nos restantes factores, há alguma sobreposição de variáveis em diferentes factores. O quarto fator pode ser designado por fator Tecnologia. O quinto fator não pode ser interpretado. Por conseguinte, temos de inspecionar o nosso conjunto de variáveis e eliminar as variáveis que não contribuem para explicar a estrutura de correlação entre as variáveis.

Tabela 3.6: Matriz de componentes rodados

	1	2	3	4	5
Company Service	0.804				
Mileage	0.773				
C.C	0.749				
Company	0.631				
Spare parts availability	0.681				
Stylish look		0.712			
model		0.696			
Latest Technology		0.687			
remote starting		0.636			
Colour		0.588			
Gears		0.578			
Lights	0.431	0.455			
cost					
Newspapers adds			0.822		
Magazines			0.804		
T.V.adds			0.791		
Hoardings			0.605		
Heavytyres				0.691	
Digtalmeters				0.686	
double plug system				0.659	
Magwheels				0.547	

Disk breaks					0.575
Mechanic					0.574
friends			0.431		0.533
Hydralic jokers				0.521	0.522

Método de extração Análise de componentes principais

3.4 SOLUÇÃO DE QUATRO FACTORES

Após alguma análise, através do estudo da tabela de correlações, da tabela de comunalidades, da variação total explicada e da solução rodada, verificámos que as variáveis Custo, Luzes, Última Tecnologia, Arranque Remoto, Travões de Disco, Jokers Hidráulicos, Amigos e Mecânico podiam ser retiradas da análise. Restam, agora, dezassete variáveis. Com estas variáveis, gostaríamos de continuar com a análise fatorial para conhecer os factores que influenciam um estudante na escolha de uma bicicleta.

Nas secções seguintes, apresentamos estes resultados para a análise fatorial com base no número de factores que são aqueles cujo valor próprio é superior a um, sendo o método de extração o Método das Componentes Principais e o método de rotação o Varimax.

3.4.1 Análise fatorial com variáveis reduzidas

Os resultados para toda a amostra são os seguintes :

- Tal como mencionámos nas secções anteriores, a adequação da análise fatorial é avaliada pela medida KMO e pelo teste de esfericidade de Bartlett. O valor de KMO é .8870199396, que se situa no intervalo de 0,8 - 0,9 (ótimo) e, por conseguinte, podemos prosseguir com a análise fatorial. O valor estatístico do teste de Bartlett é 3270,914 com graus de liberdade 136 e valor de significância 0,000. Este valor de significância do teste significa que a independência das variáveis é rejeitada. Por outras palavras, as variáveis estão relacionadas. Assim, pode ser efectuada uma análise de factores neste conjunto de dados.

- Consideramos a tabela de comunalidades. A partir desta tabela, observamos que a percentagem mínima de variação explicada pelos factores extraídos é de 46% e a máxima de 72%.

- A partir da variância total explicada, verificamos que existem 3 factores a extrair, tal como sugerido pela regra do valor próprio superior a um. O primeiro fator explica 33,115%, o segundo fator explica 15,004 e o terceiro fator explica 7,776%. A variância total. Com o quarto fator incluído na solução, a variância total explicada é de 61,649%.

- A partir da Matriz de Componentes Rotacionados, observamos o seguinte :
  -Solução de três   factores :

-As variáveis que estão fortemente carregadas no primeiro fator são Serviço da empresa, Quilometragem, CC, Disponibilidade de peças sobressalentes da empresa, Modelo, Cor e Aparência elegante. Este fator pode ser designado por Empresa e Modelo.

-O fator é carregado pelas variáveis Sistema de   Ficha Dupla, Contadores Digitais, Pneus Pesados, Rodas Magnéticas e Engrenagens. Este fator pode ser designado por fator tecnologia.

-O último fator pode ser designado por fator "Media", uma vez que as variáveis carregadas neste fator são jornais, revistas, anúncios televisivos e anúncios publicitários.

-A solução de quatro factores é :

-Variáveis   como Serviço da empresa, Quilometragem, CC, Disponibilidade de peças da empresa e quadradas são carregadas no primeiro fator. Como estas variáveis descrevem caraterísticas da boa vontade de uma empresa, chamamos a este fator Empresa. Este é o fator principal.

-No   segundo fator, as variáveis mais carregadas são os anúncios de TV, os jornais, as revistas e os anúncios publicitários. Este fator pode ser designado por fator "Media".

-O terceiro fator pode ser designado por fator tecnológico, uma vez que as variáveis Pneus Pesados, Sistema de Tomadas Duplas, Contadores Digitais e Roda Magnética estão carregadas neste fator.

-As variáveis que estão carregadas neste quarto fator são a cor, o modelo e as mudanças. Este fator pode ser designado por fator de estilo.

Os resultados relevantes do SPSS, ao utilizar o procedimento de análise fatorial, são apresentados nos quadros seguintes.

3.4.   2Conclusão

A partir da análise dos factores acima referidos, verificamos que os meios de comunicação social são um fator que influencia a seleção da bicicleta. Além disso, um estudante tem basicamente em conta a empresa e o modelo ao selecionar uma bicicleta.

Tabela 3.7: KMO e teste de Bartlett

Kaiser-Meyer-olkin Measure of sampling adequacy		0.8870199396
Bartlett's test of Sphericity	Approx.chi-square	3270.913548720
	df	136
	sig	0.000000000

Quadro 3.8 Comunalidades

	initial	Extraction
Company	1.000	0.543
Company Service	1.000	0.724
C.C	1.000	0.657
Mileage	1.000	0.677
Spare parts availability	1.000	0.558
Stylish look	1.000	0.691
Color	1.000	0.661
Heavy tyres	1.000	0.552
double plug system	1.000	0.602
Magwheels	1.000	0.567
Digital lmeters	1.000	0.552
T.V.adds	1.000	0.670
Magazines	1.000	0.685
Newspapers	1.000	0.705
Hoardings	1.000	0.460
Model	1.000	0.667
Gears	1.000	0.510

Método de extração: análise de componentes principais

Tabela 3.9: Variância total explicada:

Component	Initial Eigen Values			Extraction Sums of squared Loadings			Rotation Sums of squared Loadings		
	Total	% of Variance	Cumulative %	Total	% of Variance	Cumulative %	Total	% of Variance	Cumulative %
1	5.630	33.115	33.115	5.630	33.115	33.115	4.178	24.579	24.579
2	2.551	15.004	48.119	2.551	15.004	48.119	2.776	16.331	40.91
3	1.321	7.772	55.891	1.321	7.772	55.891	2.547	14.981	55.891
4	0.979	5.758	61.649						
5	0.789	4.642	66.291						
6	0.736	4.329	70.62						
7	0.645	3.793	74.414						
8	0.619	3.642	78.055						
9	0.528	3.106	81.161						
10	0.512	3.012	84.173						
11	0.486	2.860	87.033						
12	0.443	2.608	89.641						
13	0.405	2.384	92.025						
14	0.384	2.261	94.286						
15	0.369	2.170	96.455						
16	0.317	1.865	98.320						
17	0.286	1.680	100.000						

Tabela 3.10: Matriz de componentes rodados

	1	2	3
Company Service	0.818		
Mileage	0.776		
C.C	0.762		
Company	0.726		
Spare parts availability	0.687		
Model	0.661		
Colour	0.578		
Stylish look	0.573		
Double plugsystem		0.732	
Digital meters		0.685	
Heavytyres		0.681	
Magwheels		0.670	
Gears		0.517	
Newspapers adds			0.83
Magazines			0..816
T.V.adds			0.81
Hoardings			0.642

Tabela 3.11: Variância total explicada

Component	Intinal Eigen Values			Extraction Sums of squared Loadings			Rotation Sums of squared Loadings		
	Total	% of Varinance	Cumulative %	Total	% of Varinance	Cumulative %	Total	% of Varinance	Cumulative %
1	5.630	33.115	33.115	5.630	33.115	33.115	4.178	24.579	24.579
2	2.551	15.004	48.119	2.551	15.004	48.119	2.776	16.331	40.91
3	1.321	7.772	55.891	1.321	7.772	55.891	2.547	14.981	55.891
4	0.979	5.758	61.649	0.979	5.758	61.649	2.258	13.283	61.649
5	0.789	4.642	66.291						
6	0.736	4.329	70.62						
7	0.645	3.793	74.414						
8	0.619	3.642	78.055						
9	0.528	3.106	81.161						
10	0.512	3.012	84.173						
11	0.486	2.860	87.033						
12	0.443	2.608	89.641						
13	0.405	2.384	92.025						
14	0.384	2.261	94.286						
15	0.369	2.170	96.455						
16	0.317	1.865	98.320						
17	0.286	1.680	100.000						

Tabela 3.12: Matriz de componentes rodados

	Component			
	1	2	3	4
Company Service	0.829			
Mileage	0.777			
C.C	0.754			
Company	0.703			
Spare parts availability	0.696			
Newspapers adds		0.830		
Magazines		0.816		
T.V.adds		0.808		
Hoardings		0.646		
Heavytyres			0.720	
Double plugsystem			0.711	
Digital meters			0.698	
Magwheels			0.680	
Stylish look				0.741
Colour				0.702
Model				0.697
Gears				0.634

Método de extração análise de componentes principais

3.5 ANÁLISE FACTORIAL DA UTILIZAÇÃO DE BICICLETAS

3.5.1 Introdução

Nesta secção, tentamos estudar o segundo objetivo, nomeadamente

    • Quais são os objectivos básicos para os quais um estudante utiliza uma bicicleta?

Para estudar este objetivo, formulámos uma pergunta com 12 variáveis, que considerámos úteis. Um estudante pode utilizar uma bicicleta por necessidade ou porque tem dinheiro para a comprar, ou pode utilizá-la para mostrar o seu estatuto. Para medir a utilização de uma bicicleta, considerámos as seguintes questões.

- Poupar tempo
- Atender trabalhos rapidamente
- Conduzir é divertido
- Desfrutar de um passeio de bicicleta com os amigos
- Andar de bicicleta faz-me sentir viril
- Sentir que a mulher se sente atraída por mim
- Faz-me sentir superior quando estou num grupo de não proprietários de uma bicicleta
- Uma bicicleta é uma necessidade para mim
- Melhora a minha posição social entre os meus amigos
- Desfrute de uma viagem confortável
- Não há transporte direto de autocarro da minha área de residência para a minha faculdade
- Posso comprar uma bicicleta

Consideramos agora a análise fatorial dos dados para as questões acima referidas. Os factores são extraídos utilizando o método das componentes principais e o número de factores a extrair baseia-se na regra do valor próprio superior a um. Em seguida, considerámos a rotação varimax, para efeitos de interpretação dos factores. Os resultados do SPSS para este problema são apresentados nos quadros seguintes.

A partir da tabela KMO e de Bartlett, observamos que a medida KMO de adequação da amostragem é de 0,840, que se situa no intervalo de 0,8 a 0,9. Por conseguinte, indica que podemos prosseguir com a análise de factores dos dados para este subproblema. Além disso, a partir desta tabela, o valor de significância para o teste de Bartlett é de 0,000. Ou seja, rejeitamos a hipótese nula de independência das variáveis. Assim, a adequação da análise fatorial dos dados também é confirmada por este teste.

Passamos agora a analisar a tabela de comunalidades. As comunalidades estão a variar entre 0,425 e 0,689. De acordo com a tabela de comunalidades, as comunalidades não parecem óptimas. Por outras palavras, o fator extraído não explica grande parte da variação nas variáveis. Assim, é necessário identificar as variáveis sem importância e eliminá-las, de modo a obter variáveis mais relevantes.

A próxima tabela importante a ser estudada é a Tabela de variância total explicada. Esta tabela fornece

- Os valores iniciais de Eigen
- As somas extraídas das cargas quadráticas e
- Somas de rotação de cargas quadradas.

Verificamos que existem 3 valores próprios que são superiores a 1. São eles: 4,002, 1,560 e 1,256. Por outras palavras, o primeiro fator explica cerca de 33,352% da variação, o segundo fator explica 12,997% da variação e o terceiro fator explica 10,467% da variação. Além disso, notamos também que os factores extraídos em conjunto explicam 56,819% da variação. A percentagem recomendada de variação explicada por um fator deve ser de, pelo menos, 60%.

Os factores extraídos numa solução fatorial devem ser interpretáveis. Este aspeto da análise fatorial é muito importante. Para procurar o significado dos factores extraídos, consideramos a rotação dos factores. A tabela da Matriz de Componentes Rotacionados fornece esta informação. A partir dos valores apresentados nesta tabela, verificamos que os factores não estão claramente definidos, mesmo após a rotação. Observamos que as variáveis.

- Desfrutar de um passeio de bicicleta com os amigos (0,796)
- Conduzir é divertido (0,727)
- Desfrutar de uma viagem confortável (0,708)
- Andar de bicicleta faz-me sentir masculino (0,668)
- Atender rapidamente às obras (0,541)

Estão mais carregadas no primeiro fator do que qualquer outra variável. Estas variáveis não podem agrupar-se num fator significativo. Sem a variável Atender Funciona rapidamente, elas podem se tornar um fator significativo.

As variáveis que carregam no segundo fator são:

- Não há transporte direto de autocarro da minha área de residência para a minha faculdade (0,672)
- Poupar tempo (0,626)
- Atender rapidamente às obras (0,602)
- Uma bicicleta é uma necessidade para mim (0,575)
- Tenho dinheiro para comprar uma bicicleta (0,503)

Note-se que a variável "Atendimento de obras" é rapidamente carregada tanto no primeiro como no segundo fator. Isto torna difícil a interpretação dos factores. As seguintes variáveis são carregadas no terceiro fator.

- Sentir que as mulheres se sentem atraídas por mim (0,751)

■ Melhora a minha posição social entre os meus amigos (0,718)

■ Faz-me sentir superior quando estou num grupo de não proprietários de uma bicicleta (0,629) Este é o único fator claro. Pode ser interpretado como um fator de exibição.

Tabela 3.13:   KMO e teste de Bartlett

Kaiser-Meyer-olkin Measure of sampling adequacy		0.840
Bartlett's test of Sphericity	Approx.chi-square	1583.916
	df	66
	sig	0.000

Quadro 3.14: Comunalidades

	initial	Extraction
Save time	1.000	0.569
Attend work quickly	1.000	0.689
Driving is fun	1.000	0.619
Enjoy Bike Riding with friends	1.000	0.668
Riding a bike makes me feel manly	1.000	0.559
Feel women get attracted to me	1.000	0.626
Makes me feel superior when I am in a group of non- owners of bike	1.000	0.427
A bike is nessicity for me	1.000	0.443
It improves my social standing among my friends	1.000	0.593
Enjoy Comfortable Travel	1.000	0.628
There is no direct bus transport from my residence area to my college	1.000	0.572
I can afford of bike	1.000	0.425

Método de extração: análise de componentes principais

Tabela 3.15: Variância total explicada:

Component	Intinal Eigen Values			Extraction Sums of squared Loadings			Rotation Sums of squared Loadings		
	Total	% of Variance	Cumulative %	Total	% of Varinance	Cumulative %	Total	% of Variance	Cumulative %
1	4.002	33.352	33.352	4.002	33.352	33.352	2.767	23.059	23.059
2	1.560	12.997	46.349	1.560	12.997	46.349	2.034	16.952	40.011
3	1.256	10.469	56.189	1.256	10.469	56.819	2.017	16.808	56.819
4	0.818	6.813	63.632						
5	0.740	6.163	69.795						
6	0.706	5.885	75.680						
7	0.616	5.130	80.810						
8	0.573	4.775	85.585						
9	0.497	4.415	89.730						
10	0.466	3.885	93.615						
11	0.409	3.405	97.020						
12	0.358	2.980	100.000						

Tabela 3.16: Matriz de componentes rodados

	Component		
	1	2	3
Enjoy Bike Riding with friends	0.796		
Driving is fun	0.726		
Enjoy Comfortable Travel	0.708		
Riding a bike makes me feel manly	0.668		
There is no direct bus transport from my residence area to my college		0.672	
Save time		0.626	
Attend work quickly	0.541	0.602	
A bike is nessicity for me		0.575	
I can afford of bike		0.503	
Feel women get attracted to me			0.751
It improves my social standing among my friends			0.718
Makes me feel superior when I am in a group of non- owners of bike			0.629

3.5.2 Uma solução de três factores

Para tornar os factores extraídos interpretáveis, é necessário percorrer o conjunto de variáveis e identificar as variáveis sem importância ou as variáveis que estão a perturbar a análise. Após alguma análise, verificámos que as seguintes variáveis são importantes.

- Poupar tempo

- Atender trabalhos rapidamente

- Conduzir é divertido

- Desfrutar de um passeio de bicicleta com os amigos

- Andar de bicicleta faz-me sentir viril

- Sentir que a mulher se sente atraída por mim

- Faz-me sentir superior quando estou num grupo de não proprietários de uma bicicleta

- Uma bicicleta é uma necessidade para mim

  -Melhora a minha posição social entre os meus amigos

Com as variáveis acima referidas no conjunto de dados, procedemos à análise dos factores. Os factores são extraídos utilizando o método das componentes principais e o número de factores a extrair baseia-se na regra do valor próprio superior a um. Posteriormente, é considerada a rotação vartimax para fazer a interpretação dos factores. Os resultados deste exercício são os seguintes: A tabela KMO e Bartlett indica que o valor KMO é de 0,790. Este valor indica-nos se podemos ou não prosseguir com a análise fatorial. Isto baseia-se no quadro seguinte:

Uma vez que este valor se situa no intervalo 07-08, o quadro acima sugere que podemos submeter os dados a uma análise fatorial. Uma vez que o teste de Bartlett também é significativo, isto confirma ainda mais que a análise fatorial pode ser aplicada aos dados em questão.

De seguida, examinamos a tabela de comunalidades. Nesta tabela, notamos que a maioria dos representa a quantidade de variação nessas variáveis explicada pelos factores extraídos. Isto implica que os factores extraídos explicam 60% da variação na maioria das variáveis.

Agora, considere a Variância total explicada. Observamos que há 3 fatores extraídos. A variação total explicada pelos fatores extraídos é de 63,298% . O primeiro fator explica 36,025% da variação, o segundo fator explica 16,086% da variação e o terceiro fator explica 11,187% da variação.

Finalmente, qualquer análise fatorial termina com a interpretação dos factores. Para interpretar os factores, considerámos a rotação varimax e a solução rodada é apresentada na Tabela da Matriz de Componentes Rodados. A partir desta tabela, encontramos uma solução de factores clara e significativa. O primeiro fator pode ser designado por fator diversão, uma vez que as variáveis nele carregadas são

-Desfrutar   de um passeio de bicicleta com os amigos

-Driving   is Fun

Andar   de bicicleta faz-me sentir viril.

O segundo fator pode ser designado como "show-off", uma vez que as variáveis com carga máxima Neste fator, em comparação com outros factores, estão

Melhora a minha posição social entre os meus amigos

Faz-me sentir superior quando estou num grupo de não proprietários de uma bicicleta

Sentir que   as mulheres se sentem atraídas por mim

O terceiro fator é carregado pelas variáveis

-Poupar   tempo

-Atender   rapidamente às   obras

- Uma necessidade para mim.

Este fator pode ser designado por necessidade.

3.5.3 Conclusão:

A partir da análise acima, observamos que os estudantes utilizam a bicicleta principalmente para se divertirem e se exibirem, e não por necessidade.

Tabela 3.17: KMO e teste de Bartlett

Kaiser-Meyer-olkin Measure of sampling adequacy		0.790
Bartlett's test of Sphericity	Approx.chi-square	1078.083
	df	36
	sig	0.000

Quadro 3.18: Comunalidades

	initial	Extraction
Save time	1.000	0.719
Attend work quickly	1.000	0.704
Driving is fun	1.000	0.678
Enjoy Bike Riding with friends	1.000	0.727
Riding a bike makes me feel manly	1.000	0.601
Feel women get attracted to me	1.000	0.634
Makes me feel superior when I am in a group of non- owners of bike	1.000	0.590
A bike is nessicity for me	1.000	0.430
It improves my social standing among my friends	1.000	0.615

Método de extração: análise de componentes principais

Tabela 3.19: Variância total explicada:

Component	Intinal Eigen Values			Extraction Sums of squared Loadings			Rotation Sums of squared Loadings		
	Total	% of Varinance	Cumulative %	Total	% of Varinance	Cumulative %	Total	% of Varinance	Cumulative %
1	3.242	36.025	36.025	3.242	36.025	36.025	2.108	23.423	23.423
2	1.448	16.086	52.111	1.448	16.086	52.111	1.796	19.956	43.379
3	1.007	11.187	63.298	1.007	11.187	63.298	1.793	19.919	63.298
4	0.744	8.264	71.562						
5	0.657	7.305	78.867						
6	0.573	6.369	85.236						
7	0.510	5.662	90.898						
8	0.433	4.815	95.713						
9	0.386	4.287	100.0						

Tabela 3.20 Matriz de componentes rodados

	Component		
	1	2	3
Enjoy Bike Riding with friends	0.828		
Driving is fun	0.788		
Riding a bike makes me feel manly	0.706		
It improves my social standing among my friends		0.765	
Makes me feel superior when I am in a group of non- owners of bike		0.752	
Feel women get attracted to me		0.662	
Save time			0.837
Attend work quickly			0.782
A bike is nessicity for me			0.536

CAPÍTULO 4

CONCLUSÕES

Resumimos brevemente as conclusões a que chegámos nos capítulos anteriores
1. Quanto à seleção de uma bicicleta, observa-se que
    - Um estudante considera basicamente a empresa e o modelo ao selecionar uma bicicleta.
        Além disso, os meios de comunicação social são factores que influenciam a seleção
        de uma bicicleta.

    Assim, do ponto de vista dos fabricantes, isto indica que a publicidade de bicicletas através
    de vários meios de comunicação impressos e electrónicos lhes compensa realmente sob a
    forma de um aumento das vendas.
2. Relativamente à utilização de bicicletas, observamos que
    - Um estudante utiliza uma bicicleta principalmente para se divertir e exibir-se, e não por
necessidade.

3. Observa-se também que os grupos com rendimentos mais elevados tendem a comprar
    bicicletas mais caras. O custo de uma bicicleta aumenta à medida que lhe são incorporadas
    mais e mais caraterísticas tecnológicas. Isto resulta na diminuição da quilometragem da
    bicicleta e, por conseguinte, aumenta o custo de manutenção. Este facto tem um efeito
    negativo no bolso do chefe de família.

CAPÍTULO 5

REFERÊNCIAS:

1. Alan Agresti (220) Categorical Data Analysis, segunda edição, Wiley -In-ten science, New Jersey, EUA.

2. Johnson R.A. e Wichern, D.W., (2002) Applied Multivariate Statistical Analysis, Fifth Edition, Pearson Education, New Delhi, India

3. Naresh K. Malhotra,(2007) Marketing Research, An Applied Orientation, Fifth edition, Prentice-Hall of India Private Limited, New Delhi, India.

QUETIONNAIRE

1. Idade ....

2. Habilitações literárias.......................

    a. Inter b. U.G c. P.G D. Engenharia

3. Rendimento mensal do agregado familiar

4. Quanto dinheiro gastou para comprar a sua bicicleta ....

5. Qual é a quilometragem que espera obter com a bicicleta?.............

    a. 50-60b   .60-70c   .   70-80d   . acima de 80

6. Que bicicleta de empresa tem atualmente...............

    a. Hero Hondab .   Bajajc   .   TVSd.   Yamahae . Honda

7. Qual a cor que prefere......................

    a. Vermelho b. Azul c. Preto d. Branco prateado

8. Qual a capacidade cúbica que espera da bicicleta.....................

    a.   100-150b. 150-180c.180-200

9. Manutenção mensal da bicicleta ....

10. Avalie a influência dos seguintes itens na seleção de uma bicicleta

S.NO	Variables	Highly Agree (5)	Agree (4)	Neutral (3)	Disagree (2)	Highly Dis agree (1)
1	Company					
2	Company Service					
3	C.C					
4	Mileage					
5	Spare parts availability					
6	cost					
7	Lights					
8	model					
9	Latest Technology					
10	remote starting					
11	Stylish look					
12	Color					
13	Gears					
14	Heavy tyres					
15	double plug system					
16	Magwheels					
17	Digtal meters					
18	Hydralic jockers					
19	Disk breaks					
20	T.V.adds					
21	Magazines					
22	Newspapers					
23	friends					
24	Hoardings					
25	Mechanic					

11. Utilizo a bicicleta porque

S.NO	Variables	Highly Agree (5)	Agree (4)	Neutral (3)	Dis agree (2)	Highly Dis agree (1)
1	Save time					
2	Save Money					
3	Attend work quickly					
4	Driving is fun					
5	Enjoy Bike Riding with friends					
6	Riding a bike makes me feel manly					
7	Feel women get attracted to me					
8	Makes me feel superior when I am in a group of non- owners of bike					
9	A bike is nessicity for me					
10	It improves my social standing among my friends					
11	Enjoy Comfortable Travel					
12	There is no direct bus transport from my residence area to my college					
13	I can afford of bike					

Printed by Books on Demand GmbH, Norderstedt / Germany